BEI GRIN MACHT SICH IHR WISSEN BEZAHLT

- Wir veröffentlichen Ihre Hausarbeit, Bachelor- und Masterarbeit

- Ihr eigenes eBook und Buch - weltweit in allen wichtigen Shops

- Verdienen Sie an jedem Verkauf

Jetzt bei www.GRIN.com hochladen und kostenlos publizieren

Bibliografische Information der Deutschen Nationalbibliothek:

Die Deutsche Bibliothek verzeichnet diese Publikation in der Deutschen National-bibliografie; detaillierte bibliografische Daten sind im Internet über http://dnb.d-nb.de/ abrufbar.

Dieses Werk sowie alle darin enthaltenen einzelnen Beiträge und Abbildungen sind urheberrechtlich geschützt. Jede Verwertung, die nicht ausdrücklich vom Urheberrechtsschutz zugelassen ist, bedarf der vorherigen Zustimmung des Verlages. Das gilt insbesondere für Vervielfältigungen, Bearbeitungen, Übersetzungen, Mikroverfilmungen, Auswertungen durch Datenbanken und für die Einspeicherung und Verarbeitung in elektronische Systeme. Alle Rechte, auch die des auszugsweisen Nachdrucks, der fotomechanischen Wiedergabe (einschließlich Mikrokopie) sowie der Auswertung durch Datenbanken oder ähnliche Einrichtungen, vorbehalten.

Impressum:

Copyright © 2017 GRIN Verlag, Open Publishing GmbH
Druck und Bindung: Books on Demand GmbH, Norderstedt Germany
ISBN: 9783668566477

Dieses Buch bei GRIN:

http://www.grin.com/de/e-book/379746/risiko-an-der-boerse-zwischen-ruin-und-millionaer

Simon Vogl

Risiko an der Börse. Zwischen Ruin und Millionär

GRIN Verlag

GRIN - Your knowledge has value

Der GRIN Verlag publiziert seit 1998 wissenschaftliche Arbeiten von Studenten, Hochschullehrern und anderen Akademikern als eBook und gedrucktes Buch. Die Verlagswebsite www.grin.com ist die ideale Plattform zur Veröffentlichung von Hausarbeiten, Abschlussarbeiten, wissenschaftlichen Aufsätzen, Dissertationen und Fachbüchern.

Besuchen Sie uns im Internet:

http://www.grin.com/

http://www.facebook.com/grincom

http://www.twitter.com/grin_com

Risiko an der Börse – zwischen Ruin und Millionär

1. Kontrolliere deine Risiken

Risiko. Ein im Volksmund negativ behafteter Begriff. Die eigentliche Bedeutung ist „Wagnis oder Gefahr" ([1] S.1). Risiko wird weitgehend als möglicher Eintritt eines negativen, nicht gewollten Ereignisses verstanden. Die meisten Risiken werden entweder ganz oder gar nicht eingegangen (vgl. [2] S. 16). Die wenigsten versuchen den negativen Ausgang so gering wie möglich zu halten. Hier kommt das Risikomanagement ins Spiel. Durch mathematische und gut durchdachte Methoden wird versucht den Ausgang des Wagnisses so kontrolliert wie möglich zu halten und den „worst case", also den schlimmstmöglich eintretenden Fall zu unterbinden. Größere Unternehmen müssen Risikomanager direkt in die Unternehmensführung mit aufnehmen, um direkt in die Geschehnisse mit eingreifen zu können, auch wenn diese nicht so gerne gesehen werden (vgl. [2]S. 64).

Ein altes Sprichwort von Kaufmänner lautet: „Wer nicht wagt, der nicht gewinnt" ([2] S. 24) und somit spart man sich in den meisten Unternehmen die Risikomanager, da diese doch nur versuchen, riskante Geschäfte zu unterbinden oder diese aus Sicht eines Geschäftsmanns durch unnötige Absicherungen nur in die Länge ziehen und dies dadurch nur am Ende den Kunden vertreiben könnte (vgl. [2]). Jedoch wird die Rolle eines Risikomanagers von Zeit zu Zeit wichtiger, da große Konzerne ihren Wert erkennen. In Deutschland gibt es seit 1990 eine hohe Anzahl an Insolvenzen und Unternehmerpleiten (vgl. [2] S.29), da diese Risiken nicht genau betrachten werden- mangels fachmännischer Meinungen in den entscheidungsfällenden Etagen.

Aktionäre und private Investoren werden oft als eigenes, kleines Unternehmen dargestellt. Da es, wenn auch nur vom "kleinen Mann" aus gesehen, oft um größere Summen geht und größere Verluste schmerzhaft sein könnten ist ein eigenes Risikomanagement bei Investitionen viel Geld wert. Aktionäre müssen vor dem Kauf und auch vorm dem Verkauf einer Aktie genau wissen, welches Risiko sie eingehen oder welche Chancen sie verschwenden könnten. Denn das größte Risiko ist, Chancen überhaupt erst nicht zu ergreifen.

2. Mathematische Grundlagen

2.1. Risikotheorie

Risiko hat auch in der Mathematik eine feste Definition. Der Risikobegriff wird als Ausgang des *unerwünschten Ereignisses* (1) (vgl. [2] S.24) verstanden und wird in der Normalverteilung abgebildet. In einer Normalverteilung kann vieles anschaulich dargestellt werden. Sie zeigt den Durchschnitt und die abnehmenden Abweichungen deutlich auf. Die Formel der Normalverteilung laut:

$$f(x; \mu; \sigma^2) = \frac{1}{\sigma\sqrt{2\pi}} \cdot e^{-\frac{1}{2}(\frac{x-\mu}{\sigma})^2} \tag{2}$$

μ ist der Erwartungswert (vgl. [14] S. 77), also der eigentlich gewollte und erwartete Wert. σ^2 sind die Varianz und die Streuung vom Erwartungswert. Diese Abweichungen werden als die wie bei (1) genannten unerwünschten Ereignisse verstanden und werden somit Risiko genannt. Der Wurzelwert σ (3) ist bekannt als Standardabweichung. Man will also nur den Erwartungswert und nicht die möglichen nicht gewollten Ergebnisse.

Die bekannteste Verteilung nennt sich Standardnormalverteilung. Bei dieser Verteilung wird der Mittelwert $\mu = 0$ genommen und die Standardabweichung von $\sigma = 1$. Die Standardnormalverteilung $N(0; 1)$ (4) wird ϕ genannt (vgl. [4]). Man setzt nun die Werte in die Normalverteilung ein.

$$\Phi(x) = \frac{1}{1 \cdot \sqrt{2\pi}} \cdot e^{-\frac{1}{2}\left(\frac{x-0}{1}\right)^2} = \frac{1}{\sqrt{2\pi}} \cdot e^{-\frac{1}{2}x^2} \qquad (5)$$

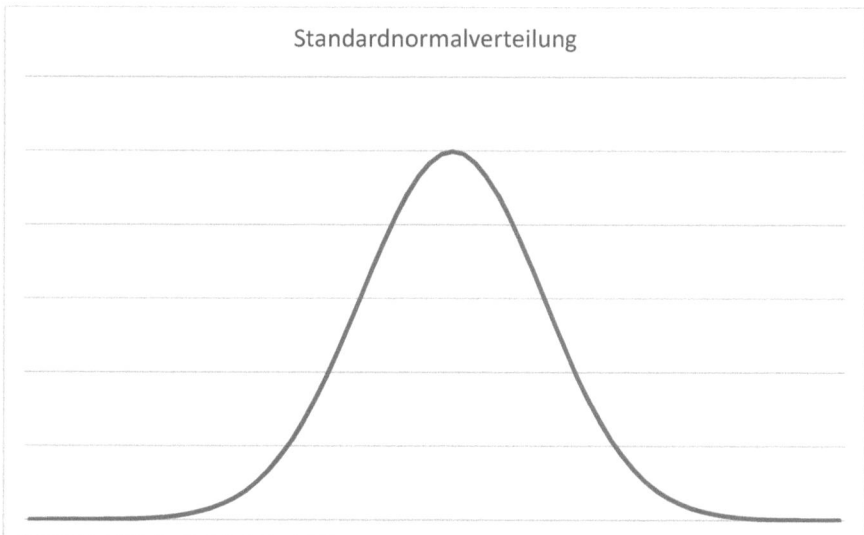

Abb. 1: Eine Standardnormalverteilung

In Abb. 1 sieht man gut den bereits erwähnten Mittelwert und die abnehmende Häufigkeit der Abweichung. Diese Abweichungen links und rechts des Maximums sind die unerwünschten Ereignisse (1) und dessen Wahrscheinlichkeit (bzw. die Gegenwahrscheinlichkeit des Maximums) ist das Risiko, nicht das geplante Ergebnis zu erlangen.

2.2. Folgen und Reihen

In der Mathematik können Berechnungen lange und damit unübersichtlich werden. Folgen und Reihen bringen durch einfache Logik Ordnung und eine klare Struktur in die Rechnung. Somit können vor allem Leichtsinns- und grobe Fehler minimiert werden.

Folgen sind schon seit den ersten Jahrgangsstufen in der Schule bekannt. Die Logik dahinter ist demensprechend sehr einfach. $(a_n) = a_1, a_2, \ldots, a_n$ ist die simpelste aller Folgen. „Die einzelnen Werte der Folgen heißen Folgeglieder und werden mit Indizes durchnummeriert" [3]. Für *n* kann man nun eine beliebige ganze Zahl $(n \in \mathbb{N})$ einsetzen und man erhält „eine endliche Folge mit dem Anfangsglied a_1 und dem Endglied a_n" [3].

„Die Summe der Glieder einer Folge [(a_n)] wird als Reihe bezeichnet" [3]. Mathematisch wird die Summe aller Glieder durch das Summenzeichen $\sum$ abgekürzt (vgl. [3]). Der ganze Operator sieht wie folgt aus:

$$\sum_{i=k}^{n} a_i$$

(5)

Hier ist der Anfang und das Ende der Summe angegeben. *n* ist hier wie bei den Folgen der Endwert bzw. das letzte Glied der Folge. Der Startwert *k* gibt an bei welcher Zahl die Summe anfängt hoch zu zählen. Bei *i=1* und *n=4* fängt die

Summenfolge zum Beispiel bei *1* an und geht bis *4* hoch *(1+2+3+4)*. a_i ist hier die Funktion die jedes Mal um *i+1* erhöht wird bis *i=n*.

Somit werden alle Ergebnisse der Funktion zusammenaddiert.

2.3. Bernoulli-Verteilung

Die Bernoulli-Kette, auch bekannt unter dem Namen *„Null-Eins-Verteilung"* (vgl. (4)) [5], ist eine Verteilung mit einzelnen Binomial-Verteilungen. Die einzelnen Experimente haben zwei mögliche Ausgänge. Darunter sind *Erfolg* (kurz *p*) (6) und *Misserfolg* (kurz *q*) (7) (vgl. [6] S.86). Ein gutes Beispiel ist der Münzwurf (vgl. [6] S. 86], bei der die zwei möglichen Ausgänge Kopf oder Zahl sind. Dies ist ein Zufallsexperiment „mit Zurücklegen"([6] S. 87 und [14] S. 87), sprich falls ein Ereignis eintritt ist die Wahrscheinlichkeit, dass dieses erneut eintritt genauso hoch wie davor und es handelt sich somit um ein stochastisch unabhängiges Experiment.

Eine Bernoulli-Kette mit der Länge *n* besteht aus *n* Binomial-Verteilungen (vgl. [14] S.83).

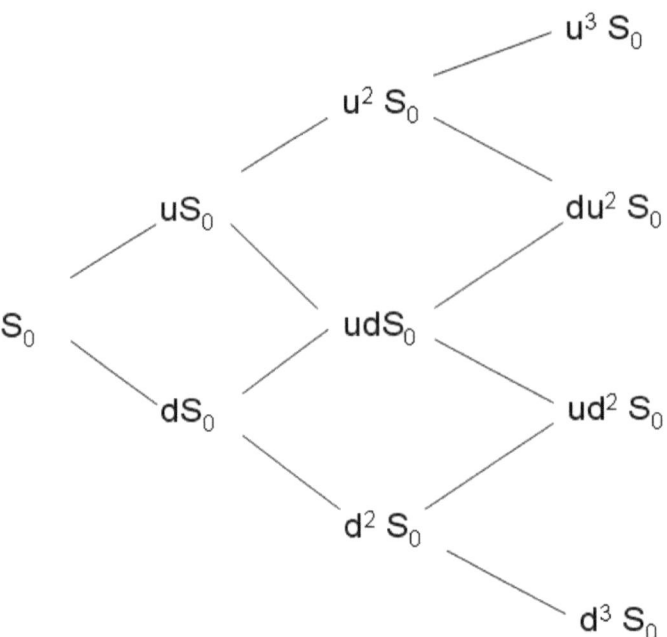

Abb. 2: Mehrperioden-Binomialmodell

In Abb. 2 erkennt man nun sehr gut, was man unter der Bernoulli-Verteilung versteht. Ein Gitter aus mehreren Binomial-Verteilungen. Jede Teilung beinhaltet zwei Möglichkeiten, *Erfolg* (6) und *Misserfolg* (7).

2.3.1. Binomial-Verteilung

Die Binomial-Verteilung ist ein Experiment, bei dem man nur das Ereignis betrachtet und beobachtet, ob Ereignis *A* (*Erfolg*) (6) eingetreten ist oder nicht (*Misserfolg*) (7) (vgl. [6]). *X* zeigt die verschiedenen Möglichkeiten der potenziellen Eintritte auf und kann folgende Werte annehmen

$$X = \begin{cases} 1, falls\ A\ eintritt \\ 0, falls\ A\ nicht\ eintritt \end{cases} \tag{8}$$

(vgl.[6] S.89)

und beobachtet das Ergebnis bei *n=1* Versuchen. So würde die Wahrscheinlichkeitsfunktion *P (X = 1) = p* und die Gegenwahrscheinlichkeit

P (X = 0) = 1-p =q (9) [6] ([6] S.86).

Die reine Binomialformel lautet

$$P(X = k) = \binom{n}{k} \cdot p^k \cdot q^{n-k} \tag{10}$$

([6] S.90)

mit *q= 1-p* und $k \in \{1; 2; ...; n\}$. *Z* ist hier die Zufallsgröße die meistens als *X* bezeichnet wird.

Der Binomialkoeffizient wird definiert durch

$$\binom{n}{k} = \frac{n!}{(n-k)! \cdot k!} \tag{11}$$

([14] S. 87)

Wenn man die Wahrscheinlichkeit bei dem genau *k*-ten Treffer wissen will, lautet die Formel nach (9) und (10) $P(X = k) = \binom{n}{k} \cdot p^k \cdot (1 - p)^{n-k}$. Benötigt man allerdings die Gesamtwahrscheinlichkeit bei dem *k*-ten Treffer lautet die Formel $P(X \leq k) = \sum_{i=0}^{k} \binom{n}{i} \cdot p^i \cdot (1 - p)^{n-i}$ ([6] S. 97). Die Binomial-Verteilung zeigt also die Wahrscheinlichkeit des *Erfolges* (6) bzw. *Misserfolges* (7).

2.3.2. stochastische Unabhängigkeit

Nimmt man zum Beispiel einen nicht gezinkten Münzwurf ist die Chance (Kopf oder Zahl) der beiden Ergebnisse jeweils 50 Prozent (vgl. Abb. 3). Wirft man diese zweimal hintereinander multipliziert man die beiden eingetretenen Wahrscheinlichkeiten miteinander. Bei zwei möglichen Ergebnissen pro Versuch mit der Chance je 50 Prozent kommt bei den Enden der Zweige somit überall 25 Prozent heraus wie man auch bei Abb. 3 sieht.

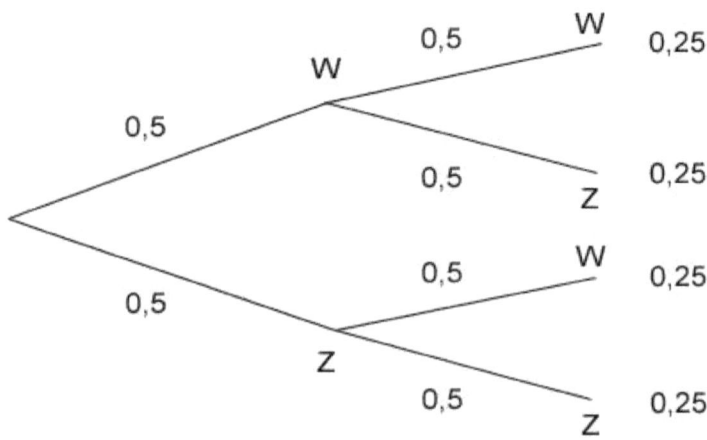

Abb. 3: Wahrscheinlichkeiten der Ergebnisse eines zweimaligen Münzwurfes

Bei jedem neuen Wurf ist die Wahrscheinlichkeit wiederum dieselbe wie zu Beginn. Das vorherige Ergebnis hat also keine Auswirkungen auf die Wahrscheinlichkeiten des nächsten Experimentes. Dies nennt man stochastische

Unabhängigkeit. Die Bedingung für eine stochastische Unabhängigkeit lautet $P(A \cap B) = P(A) \cdot P(B)$ (12) (vgl. [7]).

Um diese Formel herzuleiten wird lediglich die erste Pfadregel hergenommen. Diese lautet: „Die Wahrscheinlichkeit eines Elementarereignisses ist gleich dem Produkt der Wahrscheinlichkeit des zugehörigen Pfades"(13) [7]. Diese besagt, wie schon oben besprochen, dass nach dem multiplizieren der einzelnen Wahrscheinlichkeiten des Zweiges die Endwahrscheinlichkeit des Zweiges selber herauskommt. Handelt es sich also um ein stochastisch unabhängiges Experiment kann man die Teilergebnisse wie bei Abb. 3 problemlos berechnen. Die Wahrscheinlichkeit, dass *P(A)* und *P(B)* zusammen in einem Zweig vorkommen ist also $P(A \cap B)$ (vgl. (12)).

2.4. Martingal-Wahrscheinlichkeit

Die Martingal-Wahrscheinlichkeit ist eine „Formalisierung und Verallgemeinerung des fairen Glückspieles" [8]. Hiermit zählt man die Anzahl der Glückspiele auf und summiert die einzelnen Gewinne zusammen. Die jeweiligen Gewinne können positiv, null oder negativ (bekannt als Verlust) sein (vgl. [8]) und an sich dieselbe Theorie wie bei (6) und (7). Man nimmt bei einem fairen Glückspiel, was heißt dass bei einer geraden Anzahl an Durchführungen der zu erwartende Gewinn gleich null ist da sich Verlust und Gewinn ausgleichen sollten, ein beliebiges Startkapital M_0. Dies ist meist eine vorher festgelegte Zahl. x_1 ist der zufällige Gewinn nach dem ersten Spiel, der wie oben besprochen mit drei verschiedene Möglichkeiten ausfallen kann. Wenn man nun das Kapital nach dem ersten Spiel betrachten will muss man nur die Wertänderung zu dem Startkapital rechnen. Mathematisch wird dies $M_1 = M_0 + x_1$, bzw. $M_{n+1} = M_n + x_{n+1}$ (14) geschrieben.

Nach mehreren Glücksspielen wird eine Reihe (siehe Kapitel 2.1.2.3) für die einzelnen Gewinne eingebaut. Die Gesamtergebnisformel $M_n = M_0 + \sum_{k=1}^{n} x_k$ (15) ähnelt (14) sehr stark, nur dass hier nicht ein einzelnes Spiel sondern alle durchgeführten Spiele betrachtet werden.

Der Erwartungswert $E(X_k)$ (16) [9] ist im Falle eines fairen Glückspieles null.

$E(M_{n+1}|M_0, \dots, M_n) = E(M_n|M_0, \dots, M_n) + E(X_{n+1}|M_0, \dots, M_n) = M_n + E(X_{n+1}) = M_n$ (17) zeigt so mittels (16) auf, dass der zu erwartende Wert gleich dem Anfangswert sein wird, wenn der Spieler an einem fairen Glücksspiel teilnimmt.

Jedoch handelt es sich bei Glücksspielen meist um Supermatingale aus der Sicht des Spielers, der Erwartungswert (16) ist negativ $E(X_k) < 0$ und es herrscht ein Bankvorteil (vgl. [8]). Sprich die Wahrscheinlichkeit, dass man ein negatives Ergebnis hat ist höher als die Wahrscheinlichkeit zu gewinnen.

3. Risikoanalyse

An der Börse gibt es viele Methoden, um möglichst viel Gewinn zu machen. Mit der Fundamentalstrategie und der Chartanalysen-Strategie ([16] „Schummelseiten") nimmt man sich die Mathematik zu Hilfe um Kurse zu analysieren.

Außerdem ist es wichtig Gefahren vorzubeugen und für diese gerüstet zu sein.

3.1. Sensitivitätsparameter

Optionspreissensitivitäten werden mittels einer analytischen Risikokennzahl dargestellt (vgl. [1] S.164). Jedes individuelle Wertpapier, egal ob Optionen, Aktien oder sogar Währungen haben ein unterschiedliches Risiko.

Manche Wertpapiere sind volatiler als andere, sprich sie verändern ihren Wert öfter als weniger volatile Papiere. Durch Betrachten des vergangenen Kurses kann man berechnen, wie volatil, also wie stark die Schwankung des Preises ist.

Je höher die Risikokennzahl ist, desto stärker sind die Preisunterschiede und umso wertvoller ist somit auch das Wertpapier, da innerhalb kürzester Zeit sehr viel Profit gemacht werden kann. Allerdings ist dadurch auch die Wahrscheinlichkeit eines (schnellen) Verlustes höher. Aktien mit einem hohen Risiko werden auf dem Markt sehr häufig gemieden, jedoch gibt es Spezialisten, die sich auf diese Papiere spezialisieren und den Hauptteil ihres Profits daraus erzielen.

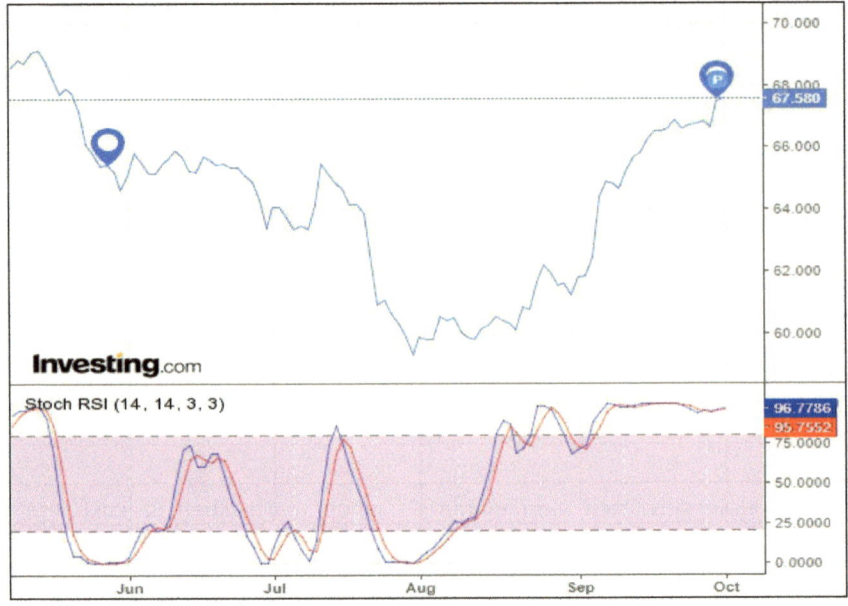

Abb. 4: Aktienkurs Daimler AG zwischen dem 29.05.17 und 29.09.17

Daimler (Abb. 4) ist ein erfolgreicher Automobil-Hersteller und eine gefragte Aktie an der Börse. Nun ist die Frage, wie gefährlich eine Investition wäre. Durch das Sensitivitätsparameter kann man mittels historischer Daten das Risiko der Aktie ermitteln, jedoch muss man im Hinterkopf behalten, dass Aktien aufgrund von Konjunkturzyklen, Skandalen, neuen Gesetzen des Staates und Entscheidungen des Managements plötzlich stark fallen oder steigen können.

Auf den ersten Blick ist die Formel sehr unübersichtlich, jedoch sollte der Sinn dieser ziemlich schnell verständlich sein. Man berechnet den aktuellen Barwert C des Calls. Den Barwert kann man verstehen als Art eigentlicher Wert, also wieviel die Investition wert ist (vgl. [13], Seite 401) und dieser ist in diesem Fall auch unsere analytische Risikokennzahl. Durch eine einzelne Veränderung einer Variablen kann man mittels Versuchen herausfinden, welche Faktoren wieviel Einfluss auf den tatsächlichen Preis der Aktie haben.

T ist die Laufzeitdauer und Zeitspanne in der man die Daten für die Rechnung benutzt. In diesen Fall ist es der Zeitraum, den man auf Abb. 4 sieht (zwischen den beiden blauen Punkten). Der Preis des ersten Zeitpunktes der Messung bzw. der Kauf-/Ausübungspreis wird in der Formel für den Sensivitätsparameter als X eingesetzt. Der neuste, derzeitige Preis bzw. der Preis zum Ende unserer Zeitspanne von T (der rechte blaue Punkt in Abb. 4) ist K. Der Bewertungszinssatz r spielt außerdem auch eine wichtige Rolle, bzw. der Zinssatz $\delta = \ln(1 + r)$, also der prozentuale Anstieg der Aktie in den letzten 3 Jahren (vgl. [10] S.140). $\Phi(x)$ (5) wurde in 2.1. erklärt und ist als Abweichung bekannt. Die Sensivitätsparameter Formel lautet:

$$C = K \cdot \Phi(d_1) - e^{-\delta \cdot T} \cdot X \cdot \Phi(d_2) \qquad (18)$$

$$d_1 = \frac{1}{\sigma \cdot \sqrt{T}} \cdot \left[\ln\left(\frac{K}{X}\right) + \delta \cdot T + \frac{1}{2} \cdot \sigma^2 \cdot T \right] \qquad (19)$$

$$d_2 = d_1 - \sigma \cdot \sqrt{T} \qquad (20)$$

Für die Beispielrechnung werden die Daten der Daimler AG NA O.N. Aktie genommen (vergleiche Abb. 4) in dem Zeitraum des *29.05.17 bis 29.09.17.* Dies entspricht *T=89* Handelstagen (geöffnete Handelstage der Börse Xetra in dieser Zeitspanne). Der Kaufpreis würde somit bei *X=65,44* liegen und der aktuellste Preis am *29.09.17* bei *K=67,17.* Die Volatilität der Aktie seit Einstieg in der Börse liegt bei $\sigma = 11,88$ [11] während der Bewertungszinssatz bei *r=11,098* liegt (vgl. [12]). Diese Werte kann man nun die die obige Formel (18) einsetzten.

Nun kann man die Variablen der Formel ändern und andere Werte einsetzten, wodurch man den Barwert C (18) miteinander vergleichen kann und sieht, welche Parameter den tatsächlichen Wert der Aktie maßgebend verändern und somit bei einer großen Veränderung eine Gefahr werde könnten. Die Faktoren können sich natürlich auch untereinander beeinflussen. Eine allgemein bekannte Weisheit unter Investoren ist, je volatiler eine Aktie ist, also je höher σ ist, desto kontrolliert kürzer sollte der Zeitraum T sein, da die Aktie nicht wirklich stetig an Wert gewinnt sondern eher zwischen zwei Preisen sich bewegt, die Widerstand und Unterstützung genannt werden.

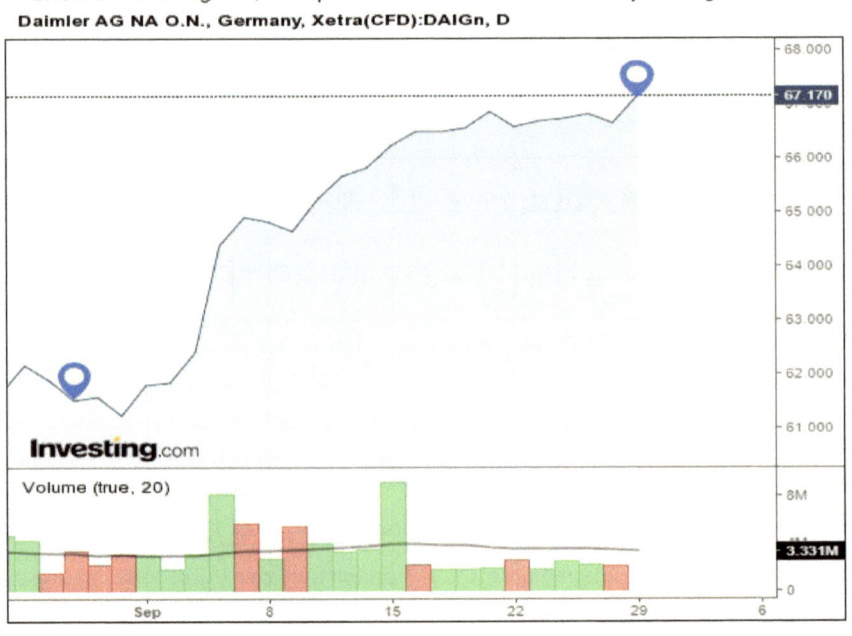

Abb. 5: Aktienkurs Daimler AG zwischen dem 29.08.17 und dem 29.09.17

Aber wie würde sich dann noch der Barwert *C* verändern, wenn nur ein Zeitraum von einem Monat (Abb. 5) genommen wird und somit *T* nur noch 23 Tagen entspricht?

Durch den Wechsel des Kauftages auf den *29.08.17* verändert sich somit auch der Kaufpreis *X*. Dieser fällt von *65,44€ auf 61,52€* [12].

Über den Sensitivitätsparameter kann man Risiken herausfinden. Durch das Einsetzen verschiedener Werte in die Formel erhält man verschiedene Resultate anhand derer man Risiken miteinander vergleichen kann.

.

3.2. Diversifikationen von Risiken

Die nächste Frage ist nun, ob man alles in ein Wertpapier investieren sollte oder lieber in viele verschiedene?

Die Antwort ist einfach. Bei Glücksspielen deren Ausgänge nicht vorhersehbar sind, zum Beispiel Roulette, geht man normalerweise nicht „all-in", sondern teilt sein Kapital auf und diversifiziert somit das Risiko eines schnellen Verlustes seines Startkapitals.

Das gleiche gilt auch für das "Glücksspiel: Aktienhandel". Hohe Beträge mögen zwar prozentual viel Ertrag geben, jedoch gilt das gleiche Prinzip für Verluste. Egal ob Profi oder blutiger Anfänger an der Börse, jeder macht Fehler.

Aktien können trotz sehr guter Quartalszahlen stark stürzen und schnell hat man sehr viel verloren. Diversifizieren ist eine sehr wichtige Aufgabe für Investoren. Die optimale prozentuale Aufteilung gibt es allerdings nicht wirklich, da die Portfoliooptimierung je nach der Risikofreude der jeweiligen Person erfolgt.

Anfangs geht es um einen festen Geldbetrag, das individuelle Budget, das auf $i = 1, ..., n$ Investitionen aufgeteilt werden soll. Man muss also seine eigene optimale Portfoliogewichtung x_i finden. Hier gilt $0 \leq x_i \leq 1$ und die Summe der Investitionen ist $\sum_{i=1}^{n} x_i = 1$ (XX) (vgl. [1] S.189 und (5)).

Die Formel zeigt mathematisch die prozentuale Aufteilung der Investitionen vom Anfangsbudget, das bei einer einzigen Investition bei *100* Prozent ist. Bei *i=5* Investitionen wäre das Portfoliorisiko also schon bei nur noch *20* Prozent. Somit minimiert man das Risiko, an der Börse schnell große Verluste auf einmal zu erleiden.

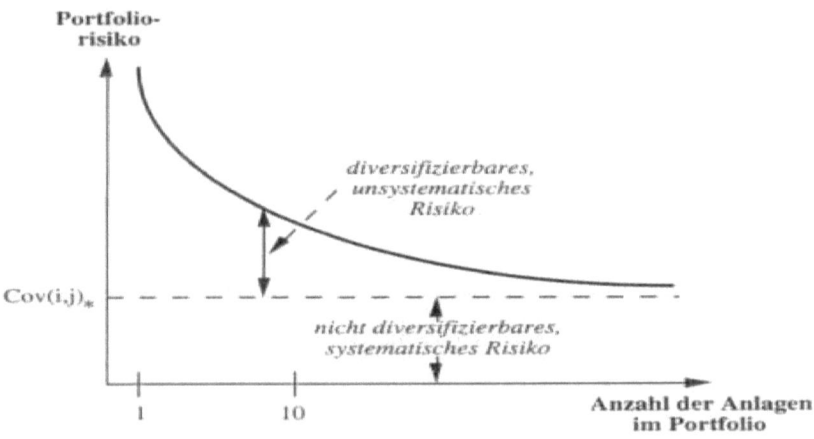

Abb. 6: Visualisierung des Risikos bei n aufgeteilten Anlagen

Je weniger Anlagen man in seinem individuellen Portfolio hat, desto größer wird das Portfoliorisiko (siehe Abb.6). Unter Portfoliorisiko versteht man das Risiko der Anlagen in seinem Wertpapierportfolio. Je mehr Anlagen man hat desto kleiner ist das Risiko eines großen Verlustes, wenn zum Beispiel eine Aktie abstürzt, da man sein Budget gut verteilt hat. Allerdings gibt es auch ein nicht diversifizierbares Risiko, also eine Art Restrisiko, dass immer bleibt. Dieses Restrisiko ist als Marktrisiko bekannt und visualisiert den Fall eines Absturzes des gesamten Marktes.

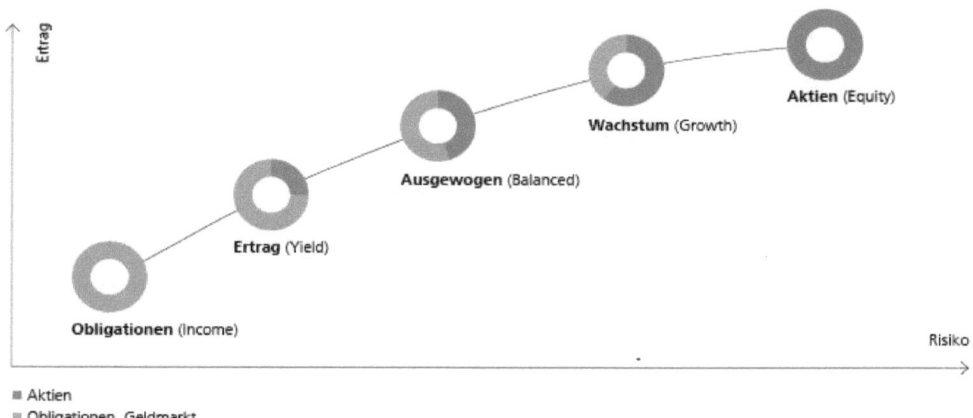

Abb. 7: Risiko-Ertrag Graph bei verschiedenen Anlage-Arten

Sicherheit hat natürlich auch seine Kosten. In diesem Fall kostet steigende Sicherheit die Minimierung der Ertragschancen. Je höher das Risiko ist, desto größer ist öfter auch die Chance eines schnellen hohen Gewinns. Dies zeigt sich auch in den verschiedenen Arten von Wertpapieren. Während Aktien risikoreicher sind als andere Wertpapiere sind sie doch sehr beliebt, da der potenzielle Gewinn am höchsten ist (vgl. Abb. 7). Ein Portfolio kann also auch aus verschiedenen Wertpapieren zusammengestellt werden, um eine richtige Balance zwischen nötiger Sicherheit und gewollter Rendite zu erreichen.

3.3. Hedging von Risiken

Hedging ist eine finanzielle (Vorab-)Absicherungsmaßnahme. Durch eine ungefähre Schätzung der Preisentwicklung kann der zukünftige Kurs grob eingegrenzt und bewertet werden. „Die angegebenen, aus einem Binomialgitter-Prozess resultierenden Kurswerte sind nur Beispiele"([1] S.254).

Mittels des Mehrperioden-Binomialmodells, auch bekannt als Bernoulli-Kette (siehe 2.3) und der Martingal-Wahrscheinlichkeit (siehe 2.4) kann der zukünftige Kurswert approximiert werden. Man nimmt einen festen Zeitraum vom Zeitpunkt $t=0$ bis $t=T$ und teilt diesen in „n äquidistante Zeitperioden" ([1]S.254). Jede einzelne dieser Zeitabschnitte hat ein Anfangskapital zum Zeitpunkt $n-1$ zwei mögliche Werte zum Zeitpunkt n, deren Wertveränderung entweder positiv oder negativ sein könnte. Hierbei können S_n und S_{n+2} dieselben Werte bekommen, falls sich Gewinn und Verlust ausgleichen. Dies kann man auch in Abb. 8 sehen, dass S_0 und $ud S_0$ den gleichen Wert annehmen können.

Die Theorie ist also die gleiche wie bei der Bernoulli-Verteilung und der Martingal-Wahrscheinlichkeit.

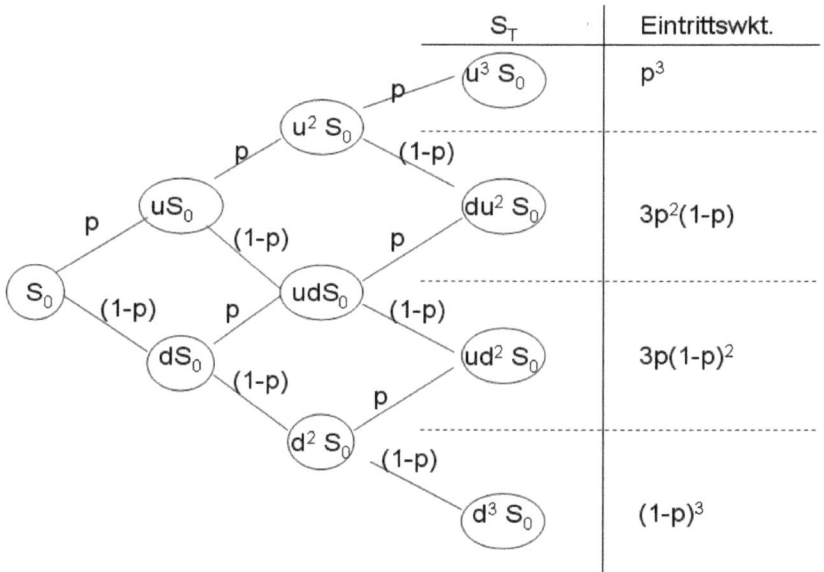

	S_T	Eintrittswkt.
	$u^3 S_0$	p^3
	$du^2 S_0$	$3p^2(1-p)$
	$ud^2 S_0$	$3p(1-p)^2$
	$d^3 S_0$	$(1-p)^3$

Abb. 8: Mehrperioden-Binomialmodell der Optionspreisbewertung

Abb. 8 ist insofern bekannt, als dass es an sich dasselbe Bild ist wie bei Abb. 2, jedoch ist es hier angewandt auf das Hedging von Optionen. Hier sieht man auf den Pfaden p (siehe 6) und *(1-p)*, also q (siehe 7) notiert. Da es wiederum um eine Bernoulli-Kette geht sind die einzelnen Pfade wieder stochastisch unabhängig (vgl. 2.3.2) und die Gesamt-Wahrscheinlichkeit der einzelnen Ereignisse ist somit die Multiplikation der Teilwahrscheinlichkeiten des Pfades.

In der dazugehörigen Formel kommt einem wieder ziemlich viel bekannt vor. Es geht wiederum um den „Preis eines Calls" ([1] S.255), also um den Barwert der Aktie wie auch in 3.1 (18). Jedoch ist die Formel eine andere und orientiert sich eher an dem gesamten Spektrum der Preisentwicklung als an der Volatilität.

Diese lautet wie folgt:

$$C_0^{(n)} = e^{-\delta T} \cdot E(K_T - X)_+ = \qquad \text{(21) ([1]S.255)}$$

$E(X_K)$ (16) ist wie in der Martingal-Wahrscheinlichkeit (2.4) der Erwartungswert.

$$(21) = e^{-\delta T} \cdot \sum_{j=0}^{n} \binom{n}{j} p^j (1-p)^{n-j} \cdot \max(e^{u \cdot j - v \cdot (n-j)} \cdot K_0 - X, 0) \qquad \text{(21)}$$

Die meiste Symbole und Variablen sind aus 3.1 bekannt. *n* ist in diesem Fall die Anzahl der Perioden, die anfangs eingeteilt wurden. Der Faktor e^u ist der Anstieg des Preises in einem einzelnen Binomial-Prozess und e^{-v} somit der Verlust (vgl. [1] S.254).

3.4. Value-at-risk

„Value at Risk ist, vereinfach formuliert, die in der Währungseinheit ausgedrückte maximale (ungünstige) Abweichung des tatsächlichen Wertes einer Position von ihrem erwarteten Wert innerhalb eines definierten Zeitraums und innerhalb eines festzulegenden Sicherheits- und Konfidenzniveaus." ([2] S. 150).

Die Value-at-risk Methode ist an sich die einfachste aller Risikomanagement-Methoden. Man betrachtet eine Aktie auf *x* Jahre, nimmt die prozentualen monatlichen Preisveränderungen und listet diese auf. Dadurch visualisiert man die Häufigkeit der einzelnen Anstiege und somit auch die Wahrscheinlichkeit des schlimmsten Falles (worst-case).

Daimler AG NA O.N., Deutschland, Frankfurt:DAIGn, M

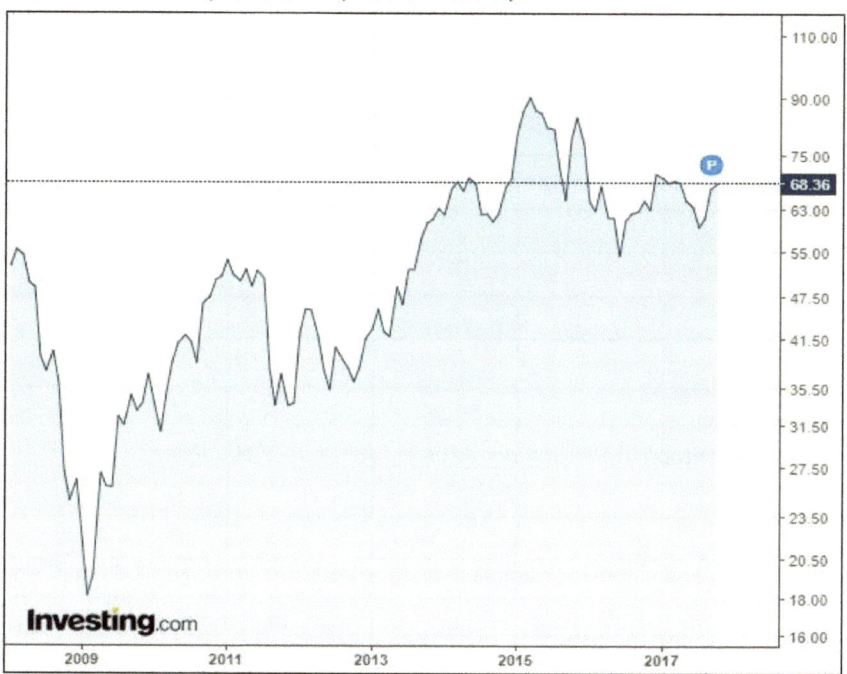

Abb. 9: Kurs der Daimler Aktie über die letzten 10 Jahre

Das Rechenbeispiel ist wieder die Aktie des Automobilkonzernes Daimler. Nun werden die prozentualen Änderungen der einzelnen Monate in Abb. 10 betrachtet [12].

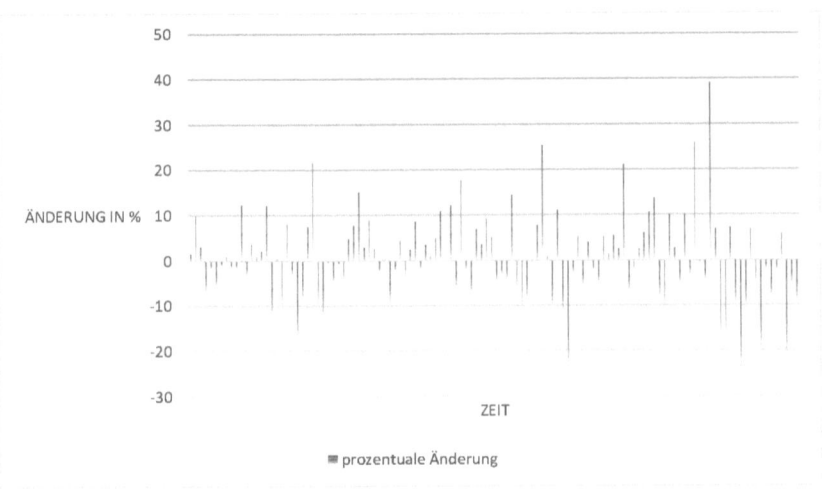

Abb. 10: prozentuale Änderung der Aktie je Monat über 10 Jahre

Nachdem die einzelnen monatlichen prozentualen Änderungen bekannt sind werden sie der Größe nach sortiert und man bekommt die zugehörige Verteilung.

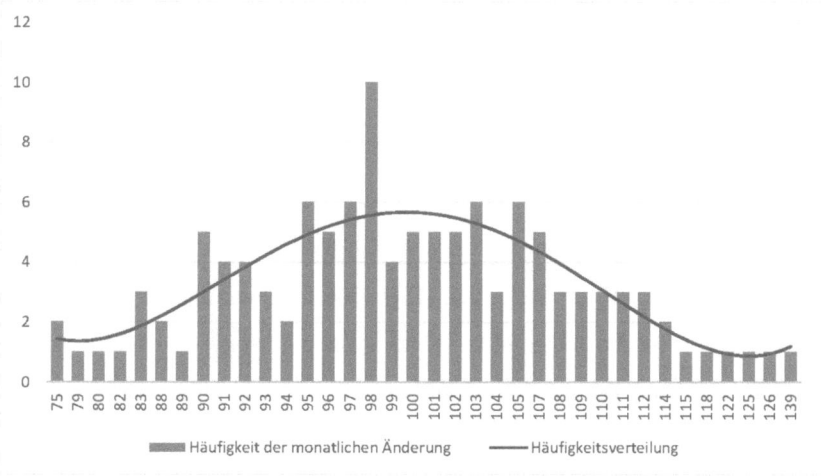

Abb. 11: Häufigkeitsverteilung der monatlichen Änderung der Aktie gerundet auf ganze Zahlen in Prozent

Abb. 11 ähnelt der Standardnormalverteilung aus Kapitel 2.1. Nun erkennt man die mittlere Steigung.

Die Definition des Value at risk Prinzips ist jedoch das Risiko im negativen Sinne, also der Verlust und der schlimmst-mögliche Fall der eingetreten ist (vgl. [2] S.115).

Insgesamt hat man die Daten von 120 Monaten (10 Jahre) wie man in Abb. 10 sehen kann. In nur 11 von 120 Fällen fällt die Aktie unter 90% des vorher gekauften Wertes. Das Risiko eines großen schmerzhaften Verlustes ist somit sehr gering.

Die erwartete Kursentwicklung, also das Maximum der Verteilung ist ein Anstieg von ca. 0%. Somit ist zu erwarten, dass die Aktie pro Jahr weder an Wert gewinnt noch verliert sondern nur um den Durchschnittspreis aufhält.

4. UBS Skandal

Das beste Beispiel was passiert, wenn man Risiken ignoriert und sie blindlinks eingeht beweist der Skandal der Schweizer Großbank UBS. Der Ex UBS-Wertpapierhändler hatte in der Zeit zwischen 2009 und 2011 einen Verlust von 2,3 Milliarden US-Dollar gemacht (vgl. [15]). UBS-Investment ging vor Gericht und klagte gegen seinen Angestellten Kweku Adoboli wegen Missachtung der firmeninternen Risikovorschriften und Betrug. „Durch seine risikoreichen Geschäfte brachte er das Kreditinstitut an den Rand des Ruins, da die Zockerei Adobolis der UBS phasenweise Schulden von bis zu zwölf Milliarden US-Dollar bescherte"[15]. Er „wurde nun zu sieben Jahren Haft verurteilt"[15].

Dies zeigt, dass risikofreudiges Zocken meist zu hohen Verlusten führt. In der Welt der Wertpapiere ist es wichtig, vorzusorgen, einen Plan B zu haben, Risiken ausreichend zu quantifizieren und dadurch einschätzen zu können wie wahrscheinlich das Risiko eines Verlustes ist und wie hoch dieses sein könnte.

5. Zusammenfassung

Mathematiker haben eine höhere Wahrscheinlichkeit an der Börse Gewinne zu machen und vor allem sie haben es leichter Verluste zu minimieren. Die Mathematik dahinter ist relativ simpel. Es werden hauptsächlich Themengebiete verwendet die in einem (bayrischen) Gymnasium mit Erlangen des Abiturs besprochen wurden.

Durch den Sensitivitätsparameter kann man untersuchen, welche Faktoren die meisten Einflüsse auf den Preis der Aktie haben. Dadurch kann das Risiko durch kontrollieren dieser Faktoren minimiert werden. Falls ein wichtiger

Einflussfaktor nicht kontrollierbar ist besteht die Möglichkeit, diese Aktie zu meiden.

Das gesamte Wertpapierportfoliorisiko kann durch das Aufteilen des Kapitals nicht ganz eliminiert, jedoch soweit wie möglich minimiert werden. Die hypothetische maximale Ausbeute sinkt dadurch leider, falls eine Investition schnell ansteigt, da man eine kleinere Summe investiert hat. Außerdem steigt die Wahrscheinlichkeit, dass der Gewinn und der Verlust sich gegenseitig ausgleichen.

Die gesamte Reichweite des möglichen zukünftigen Kurses kann man durch das Hedging herausfinden. Simulationen der Ausgänge können visualisiert werden. Die gesamte Preisspanne wird somit aufgedeckt und es kann entschieden werden, ob es sich lohnt in das Wertpapier zu investieren.

Die Value at risk Methode zeigt den schlimmsten Fall auf, der in den letzten Jahren passiert ist und dessen Wahrscheinlichkeit. Somit kann man sehr riskante Wertpapiere mit hohem Verlustrisiko entdecken und somit meiden.

Mathematiker haben es zwar einfacher an der Börse als andere Privatinvestoren aber Marktpsychologie wie Panikreaktionen, die durch schlechte und teils sogar guten Quartalszahlen, durch neue Gesetze oder einer Fehlentscheidung der Management-Etage stattfinden können nie vorhergesehen werden. Man kann sich durch Anwendung von Mathematik jedoch absichern und sogar im Voraus zu riskante Wertpapiere schlichtweg meiden.

6. Quellenverzeichnis

Alle Quellen und Bilder wurden zuletzt am 03.11.17 aufgerufen.

Die Volatilität von [11] hat sich selbstverständlich verändert. Deshalb ist diese auf dem Stand des 2.10.17.

6.1. Literaturverzeichnis

[1] Claudia Cootin; Sebastian Döhler: Risikoanalyse, 2.Auflage, Springer (2013)

[2] Andreas Merbecks; Uwe Stegenmann; Jesko Frommeyer: Intelligentes Risikomanagement, McKinesy&Company, REDLINE Wirtschaft(2004)

[3] Zitate aus: https://www.grund-wissen.de/mathematik/arithmetik/folgen-und-reihen.html

[4] Zitat aus: https://de.wikipedia.org/wiki/Varianz_(Stochastik)

[5] Zitat aus: https://de.wikipedia.org/wiki/Bernoulli-Verteilung#cite_note-1

[6] Franz Wieand, Ingeborg Goller: Stochastik Abitur Training; 1. Auflage; STARK(2014)

[7] https://www.mathebibel.de/stochastische-unabhaengigkeit

[8] https://de.wikipedia.org/wiki/Martingal#Bemerkung

[9] https://de.wikipedia.org/wiki/Stochastischer_Prozess#Einteilung

[10]Dr. Konrad Wimmer: Bankkalkulation und Risikomanagement, 3. Auflage, Erich Schmidt Verlag(2004)

[11] Volatilität abgelesen auf: http://www.finanztreff.de/daimler-aktie

[12] alle Daten genommen von der Börse Frankfurts, veröffentlicht auf: https://www.investing.com/equities/daimler?cid=962722

[13] Christoph Meyer, Sören Jensen, Suleika Bort: Wirtschaftsmathematik für dummies; 2. Auflage; WILEY(2016)

[14] Eisentraut Schätz: Mathematik für Gymnasien; 1. Auflage; C.C. Buchner Duden Paetec(2014)

[15] http://www.finanzen.net/top_ranking/top_ranking_detail.asp?inRanking=320 &inPos=12

[16] Judith Engst, Janne Jörg Kipp: Börsenstrategien für dummies; 2. Auflage; WILEY(2014)

6.2. Abbildungsverzeichnis

Deckblatt: http://boerse-social.com/media/Content/fmf_Image_online/image/43475/scalex/1024

Abb. 1: eigene Skizze, erstellt mit EXEL

Abb.2: http://hans-markus.de/finance/114/risikomanagement_kapitalmarkt/binomial_verteilung/bilder/optionsschranke/2323.PNG

Abb. 3: http://www.rither.de/images/mathematik/stochastik/stochastische-unabhaengigkeit/su_baum_muenzwurf.jpg

Abb. 4: Aktienkurs für den Zeitraum vom 29.05.17 bis 29.09.17 der Aktie Daimler (DAIGn; ISIN: DE0007100000) via Investing.com

Abb. 5: Aktienkurs für den Zeitraum vom 29.08.17 bis 29.09.17 der Aktie Daimler (DAIGn; ISIN: DE0007100000) via Investing.com

Abb. 6: http://e-kamps.com/wissen/p0003s11.jpg

Abb. 7: https://www.swisscanto.com/media/pic/inhalt/Anlegen/Anlagestrategiefonds-deu.scale-gross.jpg

Abb. 8: http://hans-markus.de/finance/114/risikomanagement_kapitalmarkt/binomial_verteilung/bilder/optionsschranke/4444.PNG

Abb. 9: Aktienkurs für den Zeitraum er letzten 10 Jahre der Aktie Daimler (DAIGn; ISIN: DE0007100000) via Investing.com

Abb. 10: eigene Skizze, erstellt mit EXEL; Daten der Daimler Aktie (DAIGn; ISIN: DE0007100000) via Investing.com

Abb. 11: eigene Skizze, erstellt mit EXEL; Häufigkeit der gerundeten monatlichen Veränderungen der Daimler Aktie (DAIGn; ISIN: DE0007100000) via Investing.com